PROFESSION DE FOI MÉDICALE

DU DOCTEUR

LOUIS BAUDOT,

DE LA FACULTÉ DE MÉDECINE DE PARIS, ETC., ETC.,

ET DEPUIS 24 ANS

MÉDECIN SPÉCIAL

DES MALADIES CHRONIQUES, VÉNÉRIENNES, DARTREUSES ET SCROFULEUSES

(Maladies secrètes).

Demeurant à Toulouse, rue Pargaminières, 68, au premier,
où il est visible, tous les jours,
de midi à 4 heures.

QUELQUES MOTS

SUR

LA MÉDECINE ÉCLECTIQUE

ET LES REMÈDES SECRETS.

SE VEND, 20 CENTIMES, CHEZ L'AUTEUR.

TOULOUSE,
IMPRIMERIE D'AUG. HENAULT, RUE TRIPRIÈRE, 9.

1851.

QUELQUES MOTS

SUR

LA MÉDECINE ÉCLECTIQUE

ET

LES REMÈDES SECRETS.

TOULOUSE. — TYPOGRAPHIE D'AUGUSTIN HÉNAULT, RUE TRIPRIÈRE, 9.

PROFESSION DE FOI MÉDICALE

Du Docteur Louis BAUDOT,

De la Faculté de Médecine de Paris, etc., etc., et depuis vingt-quatre
ans Médecin spécial des maladies dartreuses
scrofuleuses et syphilitiques.

Ne pouvant avoir pour nous répandre dans le monde et
nous mettre en rapport avec les malades, ni compères, ni
commères, ni gens de salon, à cause de notre spécialité
médicale, car presque toutes les personnes qui viennent
réclamer nos conseils se cachent, guéries elles se tai-
sent, nous sommes obligés d'avoir recours à la publicité,
et nous pensons que c'est ici le cas de dire à nos conci-
toyens comment nous envisageons la profession de médecin, et quelle est notre manière d'agir dans le traitement des maladies; enfin, en deux mots, nous croyons
devoir faire une profession de foi médicale.

*Quelques mots sur la Médecine éclectique et les remèdes
secrets.*

I.

Le célèbre médecin Archigène d'Apamée, qui prati-
quait la Médecine à Rome sous le règne de Trajan, est
regardé comme le fondateur de l'école dite éclectique

1851

(εκλεγω, *je choisis*). Divers systèmes, diverses doctrines divisaient, comme de nos jours, les médecins de cette époque. Le chef illustre de cette école avait posé en principe à ses adeptes, d'examiner avec le plus grand soin et la plus grande impartialité toutes les opinions dominantes en médecine, et de n'admettre dans la pratique que celle avouée par la raison et sanctionnée par l'expérience et les faits.

Certes, il n'est point d'être plus embarrassé qu'un médecin sur la tête duquel on vient de placer le bonnet doctoral. Savant et consciencieux, comment sera-t-il assez hardi pour se livrer à la pratique médicale? Comment va-t-il, l'esprit tout rempli encore de qu'il vient d'entendre de la bouche même de ses maîtres et [dans la même école : les uns proclamant la saignée, les applications de sangsues, les anti-phlogistiques comme remèdes infaillibles ; les autres regardant le quinquina, l'iode, les amers et toute la série des médicaments stimulants et toniques comme faisant la base des seuls et véritables moyens de guérir ; comment, disons-nous, va-t-il être assez hardi pour oser disposer, selon sa volonté, de la santé et de la vie des hommes? On doit juger d'avance combien doit être grand l'embarras de ce jeune médecin qui ne demande et ne cherche que la vérité. Tel un vaisseau sur l'Océan, battu par tous les vents, ne suit aucune ligne directe, tel l'esprit d'un jeune médecin débutant flotte indécis entre tous les systèmes de médecine.

Concevra-t-on maintenant le sang-froid et l'effronterie de ces charlatans qui proclament et affichent partout leurs remèdes, leurs panacées universelles? Rien ne les embarrasse ; leur ignorance leur rend la conscience large. Ici, les uns proclament une pâte infaillible contre les maladies du poumon ; là, une eau ou une pommade contre

les maladies des yeux *guérissant même la cataracte ;*
plus loin, ils annoncent avec amphase un électuaire, un
rob, un sirop contre les maladies vénériennes, etc., etc.

Toutes ces préparations, dont la composition est fixe,
peuvent-elles être constamment applicables à toutes les
périodes des maladies, à tous les tempéraments, à tous
les sexes, à tous les âges et dans toute espèce de cir-
constance ? Diré oui, ce serait anéantir la science et vou-
loir nous faire à l'absurde. Lorsque des médicaments ré-
putés spécifiques, tels que : les préparations mercurielles,
l'iodure de potassium et la salsepareille dans les affections
syphilitiques, le soufre dans les maladies cutanées, le
quinquina dans les fièvres intermittentes, les amers et
l'iode dans les affections scrofuleuses, non-seulement
échouent, mais même aggravent fréquemment les symptômes morbides; quand une application de sangsues, destinée
à combattre une inflammation, souvent l'augmente, certes
ce n'est point au moyen thérapeutique qu'il faut s'en
prendre, mais bien à celui qui l'applique, qui, parti-
san exclusif d'une doctrine ou d'un système particulier,
ne voit toutes les maladies que par le prisme de sa doctrine ou de son système. Nous regardons comme heureux celui qui, dans ses études, a pu écouter d'éloquents
professeurs avec sang-froid, et rester calme au milieu
de ces débats scolastiques de la science ; nous n'avons
pas été celui-là : enthousiaste, nous avions adopté un
système, celui de l'irritation, dit médecine physiologique.
Tant que nous exerçâmes à Paris, jeune encore, ayant
à faire presque toujours à des maladies aiguës, nous n'eû-
mes qu'à nous louer de son application ; mais plus tard,
lorsque nous nous livrâmes exclusivement à l'étude et au
traitement des maladies chroniques produites et entrete-
nues par vice des humeurs ou par virus, force fut à

nous d'abandonner et doctrine et système, pour nous livrer d'une manière plus sévère à l'étude des maladies,
et après un grand nombre de faits et de profondes mé-
ditations, nous avons reconnu et nous sommes profon-
dément convaincus qu'on [ne [peut suivre ni doctrine ni
système dans le traitement des affections chroniques.
Chaque maladie devra être pour le médecin le sujet d'une
étude particulière, et tout traitement devra être appli-
qué avec la plus grande circonspection. Il est rare qu'une
maladie chronique existe sans complication ; ce sont ces
enchaînements d'affections compliquées qui en rendent le
diagnostic obscur et le pronostic souvent hasardé.

II.

Il est constant que l'homme qui a un peu vieilli dans la
science sait à quoi s'en tenir sur les doctrines en médecine qui se sont succédées depuis Hyppocrate jusqu'à nos
jours, telles que celles de Boërhaave, de Stoll, Sthal, de
Rasori, de Brown, de Broussais, d'Hannemann, etc.,
etc., et que pour donner la palme à l'une d'entre elles, il
faut encore beaucoup observer et assister à bien des com-
bats scientifiques. Aussi, dans l'état actuel de la science,
nous resserrant dans un éclectisme prudent et consciencieux, nous nous bornons jusqu'à présent à répéter avec
Baglivi : *Ars medica tota in observationibus.*
Ainsi donc, nous établissons que la médecine éclectique
est celle qui, usant de toutes les doctrines et de tous les
systèmes connus, s'efforce de les réduire à leur juste va-
leur dans le creuset de l'expérience.
Il est inutile de nous étendre ici sur les bons résultats
que le médecin peut obtenir en se livrant à une spécialité

dans la pratique médicale ; il est trop avéré que les spé-
cialités en médecine et en chirurgie ont, dans ces derniers
temps, contribué d'une manière manifeste aux progrès
de l'art, et par conséquent au bien-être des malades.

Nous dirons seulement que le médecin spécial ne peut
se livrer à la pratique avec chance de succès réels qu'après
avoir étudié l'ensemble de la science, et que celui-là seul
peut ajouter quelque chose à l'art et rendre de véritables
services à la société.

Cela posé, nous croyons qu'il serait bien que lorsqu'un
médecin voudrait se fixer, il fît par écrit une profession
de foi médicale ; au moins les malades sauraient à quoi
s'en tenir, et le véritable mérite ne serait point effacé par
les intrigues de l'égoïsme et les diatribes de l'ignorance :
les frelons ne mangeraient pas le miel des abeilles.

III.

Un jour, feu M. Pinel, suivi d'un grand nombre d'élèves,
traversant la salle de pharmacie de l'hospice de la Salpé-
trière, s'arrête et dit : voilà une pharmacie bien tenue, des
bocaux bien rangés ; ah ! Messieurs, si nous étions sûrs
de l'action thérapeutique d'un seul des médicaments qu'ils
renferment, nous serions bien heureux. Paroles sans doute
bien affligeantes pour la médecine, mais bien remarquables dans la bouche d'un tel homme. Vous qui voulez guérir toutes les maladies avec vos élixirs, vos robs, vos
sirops, vos pilules, etc. ; vous gens de médecine et de
pharmacie qui promettez par vos remèdes ou vos procé-
dés des guérisons promptes et radicales, ce jour-là, certes, vous ne faisiez pas partie de l'auditoire studieux du
très-savant et très-illustre professeur.

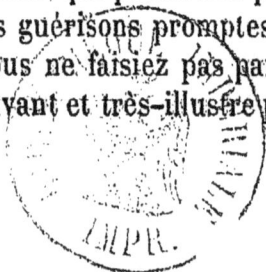

Qu'est-ce qu'un médicament? Un médicament est une substance qui, appliquée à l'économie animale dans les cas de maladie, doit la modifier en bien ou généralement ou localement. Mais si ce médicament agit dans le sens contraire, quel sera son antidote? Répondez!..... Règle générale pour nous : Tout médecin qui ordonne à son malade un remède dont la nature intime lui est inconnue, n'est pas digne de prendre un rang sur les bancs de la science.

Et vous médecins ou guérisseurs, qui traitez par correspondance vos malades, sans les avoir jamais ni vus ni touchés, comment faites-vous? Comment, les médecins des plus instruits parmi les médecins, ayant interrogé le malade à son lit, ayant examiné eux-mêmes avec le plus grand soin tous les organes, le pouls, la face, la langue, les yeux, etc., etc., souvent se trompent, et vous voulez voir, absents, ce que des hommes très capables, présents, ne voient pas. Qui êtes-vous donc? Sorciers ou *Magnétiseurs* sans doute. Non, vous n'êtes ni l'un ni l'autre; vous vendez tout simplement une panacée universelle, vous êtes marchands de remèdes secrets; votre diagnostique est impossible et votre correspondance est une véritable jonglerie, voilà tout. Et c'est ainsi que vous vous jouez de la santé et de la vie des hommes !

IV.

Le meilleur médecin est celui qui sait le mieux préciser le siége de la maladie, en déterminer la nature, les causes et les altérations matérielles, analyser les symptômes et rapporter chacun d'eux à l'organe affecté qui les produit; il sera à coup sûr le meilleur médecin, parce qu'il connaîtra les fonctions des organes, leur *consensus* en santé, leurs influences réciproques en maladie et le désordre que le dérangement d'une ou plusieurs pièces apporte à toute la machine organique ; il sera le meilleur médecin, parce que son savoir en pathologie et en physiologie lui permettra de saisir le mal et ses accroissements, depuis son origine jusqu'au degré morbide le plus élevé ; enfin, parce que toutes ces connaissances acquises pourront seules le mettre à portée de prévoir le danger et de lui opposer des moyens convenables. C'est sur la nature que doivent être fondés le diagnostic, le pronostic et le traitement. Le médecin qui n'est pas capable de bien établir le diagnostic d'une maladie ne peut prévoir l'issue, ni la traiter d'une manière rationnelle : aveugle qui n'a ni bâton, ni chien, il marche à l'aventure, et ses succès, s'il en a, ne seront dus qu'à un heureux hasard.

V.

Le diagnostic est ordinairement facile dans les maladies aiguës ; celles-ci sont brusques, et en général dessinées d'une manière telle, que le moins clairvoyant ne peut les confondre. Leurs signes sont saillants, le siége et la nature de l'affection aisés à établir et les moyens à leur opposer faciles à saisir. C'est tout différent pour les maladies chroniques : l'affection n'est pas toujours aussi bien localisée ; elle s'est étendue à plusieurs organes ; la symptomatologie est le plus souvent embrouillée, au point qu'il faut quelquefois des jours, des semaines pour établir un bon diagnostic, des mois et des années même pour traiter avec succès et à travers des difficultés sans nom-

bre. Nous arrivons au moment où il faudra que le médecin soit savant, laborieux et courageux et qu'il se grandisse
devant les difficultés. Oui, mille fois oui, nous regardons
comme heureux le médecin qui, par ses connaissances en
chimie et en matière médicale, sait, tant dans l'intérêt de
la sience que dans celui de ses malades, éviter ces formules bizarres et anti-scientifiques, qui, chaque jour,
font plus d'une fois sourire malignement le moins expert
des pharmaciens. Malheureusement, c'est le plus grand
nombre de personnes qui se livrent à l'art de guérir qui
excitent ce rire moqueur.

Etudions la chimie et l'action des médicaments simples,
Messieurs de la Faculté et éclectiques en pharmacologie,
secouons dans nos formules le joug de l'ignorance et de
la routine, et doctes quoique docteurs, comme disait
Molière, travaillons véritablement pour l'honneur de l'art
et dans l'intérêt de l'humanité.

De l'humanité! à ce mot, nous sentons quelque
chose à dire : nous voulons parler de la charité, vertu
par excellence qui rehausse et ennoblit les talents du médecin.

C'est par la charité que nous sentons fortement l'égalité
des hommes sur cette terre de changement, de travail et
de douleur; c'est par la charité que nous éprouvons les
plus douces jouissances; car en est-il de plus grandes,
en effet, que de tendre la main à l'infortune, de consoler
l'homme en deuil, de panser les plaies de la misère, de
donner du courage à la veuve et de soutenir l'orphelin;
par la charité, nous reposons, loin des intrigues, d'un
sommeil de paix et de bonheur.

Médecins! joignons la charité à la science, et nous se-
rons les premiers hommes de la société; et un jour, sur

notre tombe, on ne placera pas cet épitaphe réservée à l'avare stupide et cruel :

CANCER SOCIAL ET NÉANT.

VI.

Ce ne sera pas vous que le néant effacera à jamais de la mémoire des temps, illustres savants que nous allons évoquer ! hommes de labeur et de génie ! vous qui avez en quelque sorte tiré la chimie du chaos, vous qui n'avez rien eu de caché pour vos contemporains, vous qui n'avez pas mis vos savantes découvertes sous le boisseau, vous dont les travaux ont répandu une si splendide lumière sur l'industrie, les sciences et les arts : Lavoisier, Guyton de Morveau, Laplace, Fourcroy, Vauquelin, Gay-Lussac, etc., etc., réveillez-vous ; venez inspirer à tous les médecins et pharmaciens qui sont plus particulièrement vos élèves, l'amour de votre gloire et de votre dévoûment au bien-être des hommes !

Oh ! que vos inspirations ne soient pas vaines, hommes célèbres dont les noms sont à jamais inscrits dans les fastes du mouvement progressif des connaissances humaines ; alors vous aurez rendu à la profession de médecin toute sa dignité, profession qui doit être pleine d'honneur, de science et de charité, et à l'art de guérir toute sa puissance, puissance qu'il ne tient que de la lumière et non des ténèbres. Oui, vous aurez rendu alors un grand service, surtout aux personnes affectées de maladies chroniques, victimes désignées en quelque sorte d'un si horrible trafic.

Que cela soit ! et l'on ne verra plus des médecins et des pharmaciens, du reste souvent fort instruits, poussés par l'égoïsme et un amour insatiable du lucre, se transformer en marchands de remèdes secrets, ce qui les conduit directement à l'empirisme, cet hydre ennemi juré de la raison et de la science.

VII.

Nous terminons enfin cette profession de foi médicale, en disant que l'étude permanente et spéciale que nous avons faite depuis 24 ans des affections vénériennes, dartreuses et scrofuleuses, a pu nous mettre à même de faire un choix dans le grand nombre des moyens indiqués contre elles, et de faire de ces moyens de justes applications thérapeutiques ; et que, dans notre conviction profonde que nous rendons un véritable service aux malades, nous allons publier quelques-unes des cures remarquables que nous avons obtenues dans notre pratique spéciale, et prouver par là d'une manière péremptoire que l'on peut très-bien guérir les maladies chroniques sans avoir recours aux *remèdes secrets*, remèdes qui deviennent essentiellement absurdes et même souvent dangereux par leur application trop généralisée et ordinairement intempestive. Pour nous, nous préférons la lumière aux ténèbres, le savoir à l'ignorance, surtout quand il s'agit de la santé et de la vie des hommes.

Notre spécialité médicale ne nous permettant pas une publication complète, les quelques guérisons remarquables que nous donnons ci-après sont prises parmi des centaines de malades, soignés par nous et que Dieu *a garis*, comme le dit avec tant de science et de piété notre grand et illustre maître Ambroise Paré ; et c'est avec l'autorisation des personnes rendues à la santé ou de leurs parents que nous citons ici leurs noms :

M. Laplanche, coquetier, âgé de 49 ans, demeurant faubourg du Vernois, 37, à Beaune (Côte-d'Or), affecté depuis 20 ans de syphilis constitutionnelle, et depuis 2 ans dans un état déplorable, la face, le col et le devant de la poitrine étant recouverts d'ulcères rongeants et fétides. Les traitements de célèbres docteurs ayant toujours été inutiles, ce malheureux, presque toujours couché, enveloppé dans un drap, attendait avec impatience que la mort vint le délivrer de tous ses maux : guéri. (Voir la *Chronique de Bourgogne*, du 29 juin 1845, journal dans lequel le malade lui-même nous témoigne publiquement toute sa reconnaissance.)

Mme Michel, âgée de 26 ans, demeurant à Rouen, rempart Martinville, 16, sortie de l'Hôtel-Dieu de Rouen, le nez complètement détruit par un ulcère vénérien et, du reste, dans un effroyable état, la maladie faisant chaque jour des progrès terrible : guérie. Cette cure excitait l'admiration des étudiants en médecine de Rouen, qui arrêtaient la malade dans les rues et la complimentaient.

Mme veuve Bondard, âgée de 46 ans, rue du Bressoir, 15, à Saint-Malo (Ile-et-Vilaine), affectée, depuis 4 ans, de six ulcères vénériens à la face qu'ils avaient complètement labourée : guérie. Cette femme, à notre première visite, avait pour lit une botte de paille ; abandonnée de tout le monde, elle n'avait pour seul soutien qu'une petite fille de 10 ans, qui demandait l'aumône ; aujourd'hui elle a un beau ménage, gagne honorablement sa vie, et jouit d'une bonne santé.

M. Chevenet, charpentier, âgée de 24 ans, à Nevers (Nièvre), affecté depuis un an de deux bubons ulcérés et gangrénés, d'un abcès du volume d'une grosse noix, situé sous la peau et à la partie dorsale du pénis, avec ulcères rongeants, etc. : radicalement guéri en 27 jours de traitement. Ce malade marchait avec des béquilles ; cette cure fit sensation dans toute la ville, et c'est le seul malade de ce genre, dans le département, qui en ait permis la publication.

M. Langlois, marchand fruitier, âgé de 58 ans, rue Beauvoisine, 55, à Rouen, malade depuis 5 ans. Affecté depuis un an d'aphonie syphilitique (perte de la voix), a recouvré la parole après six semaines de traitement.

Mme Gendron, âgée de 30 ans, demeurant à Saint-Germain-sous-Cailly (Seine-Inférieure), affectée depuis 20 mois d'un ulcère vénérien qui avait détruit un tiers du nez : guérie en 22 jours de traitement.

Mlle Eugénie Barbier, âgée de 27 ans, sous-maîtresse de pension chez Mme Fanville, rue de l'Avalasse, à Rouen, affectée depuis 2 ans de dartres couperoses en suppuration, la figure dans un horrible état : guérie.

M. Jean Célésier, âgée de 56 ans, à Royat (Puy-de-Dôme), affecté depuis

3 ans de dartres rongeantes à la lèvre supérieure et sous les ailes du nez : guéri.

M. CADIAT, âgé de 35 ans, ingénieur, attaché à la fonderie de Fourchambant (Nièvre), affecté de la même maladie que le précédent et guéri par les mêmes moyens.

M. DUBURRE, maître tailleur, âgé de 45 ans, rue Sainte-Croix-des-Pelletiers, 33, à Rouen, affecté depuis 3 ans de dartres qui, recouvrant tout le corps, le mettaient, à cause des démangeaisons horribles, dans un état affreux de souffrance et d'anxiété : guéri.

M. ROBERT fils, âgé de 26 ans, à Saint-Aubin-la-Rivière, près Rouen, affecté depuis très-longtemps à la jambe droite d'un ulcère dartreux de 33 millimètres de diamètre et gangrené (jambe qu'un chirurgien des plus distingués de l'Europe voulait amputer) : guéri.

M. GROGES-DUCASTEL, âgé de 36 ans, rue Beau-Rivage, 1, à Saint-Servan (Ile-et-Vilaine), affecté depuis très-longtemps de dartres pustuleuses mentagres ; situées au menton et sur la partie antérieure du col : guéri.

M. ROSSIGNOL, âgé de 43 ans, cultivateur à Flacey (Cote-d'Or), affecté depuis très-longtemps de dartres pustuleuses mentagres, qui recouvraient le dessous du nez et le menton : guéri.

M. Jacques BOULIGAUT, cultivateur à Chalanges (Côte-d'Or), affecté depuis 8 ans de dartres squammeusés sèches à la jambe droite : guéri.

Mme VASSARD, âgée de 23 ans, de la Croisille (Eure), affectée depuis 3 ans d'un ulcère scrofuleux au gros orteil du pied droit, boitant et ne pouvant mettre des souliers depuis longtemps, affection pour laquelle son sixième médecin avait réclamé l'amputation : guérie.

M. LEPRÈTRE, de Bonchamp (Mayenne), âgé de 38 ans, affecté de scrofules, ayant un des os de la main carié, boîteux et désespéré, réformé des équipages de ligne pour cette maladie, après six moix d'hôpital à Brest : parfaitement guéri.

Mlle Adèle BERBERT, âgée de 7 ans, rue Pavée-Saint-Sauveur, 4, à Paris, affectée depuis très-longtemps d'ophthalmie scrofuleuse, presque borgne : guérie.

M. François RATÉLLE, rue de l'Épine, 2, faubourg Saint-Séver, à Rouen; son fils, âgé de 4 ans, affecté d'ophthalmie scrofuleuse, avec épaississement des lames de la cornée transparente, complétement aveugle, déclaré incurable, et placé à cet effet à l'hôpital général de Rouen : guéri.

Mlle Julie MÉTAY, âgée de 12 ans, de Déville, près Rouen, affectée d'engorgement scrofuleux énorme des glandes du col : guérie.

Mlle Rose BOISSAIRE, âgée de 23 ans, rue des Bouchers, 1, à Saint-Malo (Ile-et-Vilaine), affectée depuis 5 ans d'ophtalmie scrofuleuse, presque aveugle : guérie.

M. BOYON, âgé de 55 ans, ex-gendarme, place du Marché-aux-Grains, 2, à Rennes (Ile-et-Vilaine), affecté depuis 18 ans d'un ulcère scrofuleux à la jambe droite, ce qui l'avait contraint de quitter le service militaire : guéri.

M. Héron aîné, âgé de 47 ans, facteur de la poste aux lettres, à Beaune (Côte-d'Or), affecté depuis très-longtemps d'ophtalmie lymphatique, avec larmoiement continuel et impossibilité de regarder la lumière, laquelle l'avait mis, pendant deux mois, hors d'état de continuer son service : guéri.

M. Bocognani, âgé de 32 ans, capitaine au long cours, de Nice (Piémont); affecté depuis 3 ans de dartres éphélides hépathique (larges taches d'un jaune brun), recouvrant le front, la partie antérieure du col et le devant de la poitrine : guéri après trois mois de traitement.

M. Fontaine, directeur des manufactures de M. Poitevin, à Saint-Léger (Seine-Inférieure); son fils, âgé de 4 ans, affecté d'ophtalmie limphatique depuis un an, complètement aveugle : guéri.

Tous ces faits pathologiques demanderaient de grands développements médico-cliniques; *nous les ferons dans la masse d'observations que nous publierons un jour ;* aujourd'hui nous ne fesons que les indiquer.

DERNIER MOT.

L'URÉTHRITE ou Blennorrhagie uréthrale, dite vulgairement écoulement, maladie devenue très commune depuis quelques années, est l'affection morbide que les marchands de remèdes secrets exploitent avec le plus de succès lucratifs. La science, éclairée par la raison et l'expérience, divise la blennorrhagie en deux espèces, qu'il est très important, dans l'intérêt du malade, de ne point confondre ; la première, franche, simple, purement inflammatoire, se guérissant par les anti-phlogistiques et le régime seulement ; la seconde, produite et entretenue par vice des humeurs ou par virus, ne pouvant être radicalement guérie que par un traitement interne spécifique ou approprié.

Nous terminons enfin ce dernier mot en souhaitant qu'un médecin philanthrope, riche et savant, compose un ouvrage scientifique qui traite des terribles conséquences qui résultent des blennorrhagies uréthrales, négligées ou empiriquement soignées, et en fasse une immense publication ; il rendrait un très-grand service à l'humanité.

FIN.